特色优品 草莓糕点饮料 制作方法

徐是雄 黄静娴 ◎ 编著

U0380632

中国农业出版社

北 京

图书在版编目（CIP）数据

特色优品草莓糕点饮料制作方法 / 徐是雄，黄静娴
编著 . — 北京：中国农业出版社，2019.10
ISBN 978-7-109-25715-3

Ⅰ . ①特… Ⅱ . ①徐… ②黄… Ⅲ . ①草莓 – 糕点 –
制作②草莓 – 果汁饮料 – 制作 Ⅳ . ① TS213.23 ② TS27

中国版本图书馆 CIP 数据核字 (2019) 第 151261 号

特色优品草莓糕点饮料制作方法
TESE YOUPIN CAOMEI GAODIAN YINLIAO ZHIZUO FANGFA

中国农业出版社出版
地址：北京市朝阳区麦子店街 18 号楼
邮编：100125
责任编辑：杜　婧
责任校对：沙凯霖
印刷：中农印务有限公司
版次：2019 年 10 月第 1 版
印次：2019 年 10 月北京第 1 次印刷
发行：新华书店北京发行所
开本：880mm×1230mm 1/32
印张：3.125
字数：90 千字
定价：40.00 元

序

第一次结识徐是雄教授时，他是北京师范大学—香港浸会大学联合国际学院（UIC）副校长、水稻专家。看到这本《特色优品草莓糕点饮料制作方法》，又进一步了解到，徐是雄、黄静娴夫妇还是点心制作大师。非常敬佩这两位港澳学者的多样才华。

《特色优品草莓糕点饮料制作方法》是一本实用性很强的书籍。全书公开发表了34种以草莓为原料的糕点制作方法。按照徐教授夫妇的方法，就能实际制作出香甜美味的各种糕点饮料。这种授人以法的实用工具书，不仅是白领秀厨艺的秘籍，更是草莓种植农户的致富指导。

草莓是蔷薇科草本植物，果实鲜红艳丽、芳香多汁、酸甜可口，富含多种微量元素，兼具营养价值和药用价值，素有"水果皇后"之称，深受消费者喜爱。目前，草莓在全世界种植面积约550万亩，在小浆果品类中居于首位。而中国是世界上最大的草莓生产国。据统计，2017年全国草莓种植面积230多万亩、产量400多万吨，总产值达600亿元以上。

我在中国优质农产品开发服务协会举办的首届国际草莓品牌大会上的讲话中说过，加快推进我国草莓产业向绿色发展、高质量发展转变，打造国际知名品牌，要做好六个方面的工作：一是要加强草莓产业规划引导；二是不断提升草莓产业科技创新能力；三是大力推进草莓品牌建设；四是加强并完善草莓繁育、推广体系；五是加快推进草莓标准化生产；六是创新草莓产业发展壮大的机制。徐教授夫妇的这本书，是对草莓产业化的重要贡献！也是能把小草莓做成大文章的一个重要途径。

中国优质农产品开发服务协会与 UIC 联合设立的旨在推广和推动我国农业品牌建设发展的中优农品牌研究院，成立伊始便得到徐是雄教授及其夫人诚挚奉献的力作支持，是一个良好的开端。借此机会，我也祝愿中优农品牌研究院为我国农业品牌的建设和发展作出更大贡献！

2019 年 3 月 25 日

前言

　　为了响应政府的号召和配合本校中优农品牌研究院产学研基地的建立以及协助推广中国农产品品牌，我们挑选了现今在中国种植非常多的水果之———草莓（中国是现今世界上种植草莓最多的国家），作为其中一个研究对象和试点项目。我们希望通过在这方面的努力，能把中国草莓这一初级农产品经加工后，大幅度增加其附加值和进一步建立及提升其品牌效应，使草莓的加工产品拥有更高的商业价值，并形成在我们国家值得推广的培育农产品商业优质品牌和营销农产品的一种成功模式。此外，我们还希望在研究和实践的过程中，有机会可以不断测试各种草莓加工产品的质量标准以及其在运作过程中所碰到的困难和问题，并予以改进和完善，使之能成为一个建立品牌的典型可行模式，供种植和营销的单位等推广复制。

　　2018 年 3 月 24 日，首届国际草莓品牌大会在南京举行。这一次大会由中国农业科学院、中国优质农产品开发服务协会等主办。大会探索了中国草莓产业化与品牌化的建立等问题，在会上中国优质农产品开发服务协会朱保成会长对于怎样让在中国种植的草莓实现产业化与品牌化的问题，作了重要讲话。在 2019 年 3 月 1～3 日举办的第二届国际草莓品牌大会上，他又进一步强调，希望中国的优质农产品，能够建立更多品牌，并能够尽快"走出去"。通过整理两次大会所收集到的资料，我们觉得有必要先着手创制一些新颖和独具特色的草莓加工糕点和饮料，使这些草莓加工产品能成功地建立品牌效应，并利用线上线下结合的方法，做到全产业链销售。为此，我们决定把这一具有开发性和创新性的工作作为抓手，让我们不但可以开展一些创新草莓加工产品和营销模式的研究，同时还可以进一步建立和夯实中国草莓品牌工作的基础。

本书内研究成果的出版，可以说是我们为了帮助建立中国自己的草莓加工产品品牌所走的第一步。书中的一些方法和秘方都是首次在国内外公开，供关心和对这方面有兴趣的人士参考指正。

徐是雄　黄静娴

2019 年

目录

01 / 特色优品草莓酥
Youpin Strawberry Cake

在坊间各种冠名"酥"类的加工食品(特别是与糕点有关的)非常多。在这里我们特别介绍一种"酥"类的食品(或可被视作零食小吃)——草莓酥。有些人可能还没有吃过草莓酥;但与草莓酥很相近的凤梨酥,相信大家一定会吃过。近10～20年,凤梨酥已成为台湾一种非常出名的零食小吃,其品牌的知名度已经非常国际化。游客到台湾去旅游,都会买些凤梨酥回家,赠送给亲朋好友品尝。但大家可能不知道,在一些实体店或网店所销售的凤梨酥,并非全部含有凤梨(或菠萝)的馅料,而是由冬瓜蓉替代,还有可能再加入一些菠萝精油来制作。这样的代替品,难以反映和突出凤梨酥的真实味道以及让购买者在吃的时候真正感受到凤梨(或菠萝)的真实鲜甜味。此外,坊间还有许多凤梨酥产品,通过加入防腐剂来延长凤梨酥的贮存期。这些防腐剂之类的添加剂,对凤梨酥的真实味道会有一定的影响。

为了可以让大家感受到凤梨酥中特有的凤梨(或菠萝)鲜甜清香味,我们在这里只选用真实的凤梨(或菠萝)材料来教大家制作凤梨酥,同时也把不加任何防腐剂制作凤梨酥的方法,详细地告诉大家,并与大家分享制作过程中需掌控的技巧和奥秘。

草莓酥的产销情况与凤梨酥有所不同。由于新鲜草莓的售价一般比较昂贵，且上市销售期和保鲜期都很短暂；因此，如果要用新鲜草莓作为馅料来制作草莓酥，成本既高而且难度也大。因此，草莓酥与凤梨酥相比较，其产量和商家能供应的种类都非常少（市场上经常缺货）。而草莓酥的制作难点，根据我们的经验来看，主要在于怎样可以有效地把新鲜草莓内的水分收干，而不影响草莓的原味。我们在这里介绍给大家的制作方法，基本上已解决了这一难题，但我们也必须指出，有时候处理不小心，还是会出现问题，所以请大家在制作时要特别注意。

根据我们所制作的不加任何防腐剂、香精油等添加剂的草莓酥的味道和试吃后人们的喜爱度来看，草莓酥和凤梨酥可以说是不分伯仲，各有千秋。但从现今草莓酥的知名度及其品牌效应来看，则是远远逊于凤梨酥。为此，我们认为草莓酥的潜力还有必要大力地去挖掘和发挥。希望通过大家的努力，能够让草莓酥很快地成为一个不但在中国、而且在国际上，家喻户晓的品牌。

1（a）材料

制作优品草莓酥 33 个，每个重 33 克（即每个含酥皮 19 克，草莓馅 14 克）。

所需酥皮制作材料：无盐黄油（需要在室温先予以软化）200 克，细砂糖 60 克，鸡蛋 1 个（50 克，室温），低筋面粉 300 克，全脂奶粉 60 克，盐 1/2 茶匙。

所需草莓馅材料：洗净后的草莓 2 700 克；麦芽糖 350 克（用量需视草莓甜度调整）；细砂糖 150 克；柠檬汁 2 汤匙；无盐黄油 15 克（最终可得草莓馅约 1 000 克，剩余的可以冰冻备用）。

🍄 1 (b) 做法

（I）酥皮的制作方法

① 将无盐黄油在室温下予以软化，用手提电动打蛋器低速打至微发，再转中速分次加入细砂糖，打至糖溶呈奶白色（忌廉状）。之后，分次加入蛋液，继续用搅拌机以高速打至黏稠。

② 将低筋面粉、奶粉一同过筛，加入黄油蛋糊中；用橡皮刮刀以较轻的翻、切、压的拌和方式将材料搅拌均匀。但切记，不要过度用力搅拌，避免面糊产生筋性。

③ 拌匀之后，将面团搓成长条，用保鲜膜包裹，放入冰箱（4℃），冷藏 1 小时以上可取出使用。

（II）草莓馅的制作方法

① 将草莓果肉放入凯伍德（Kenwood）厨师机（Cooking Chef 系列）的盛器中［参考下面—注意（i）］，再放入麦芽糖、细砂糖及柠檬汁。将盛器放在厨师机底盘上扭紧。但在把草莓放入 Kenwood 厨师机的盛器中之前，先把草莓放在流动的清水中浸泡冲洗 15 分钟，务必把附着在草莓表面的农药残留物等清洗干净。然后将草莓的萼片和果柄丢掉，再把果肉放在流动的清水中冲洗一下，然后放入 Kenwood 厨师机的盛器内予以搅打和加热。

② 选用及插入黑色胶边灵活搅打器；再把防漏盖及防喷保护罩插在机头上，直至完全嵌入；放下机头，并将其插入盛器中。接上电源；然后，将时间设定为 120 分钟；温度钮调放在 140℃；再按红色速度钮至 1 挡；让其滚转约 20 分钟；然后下调温度到 120℃继续煮；煮至黏稠时，可加少许黄油减低黏稠度，以防止材料粘在盛器底部，形成焦块。一旦见到有散开的焦块浮现出来，尽快拿掉，以免影响馅料的质量。如果在

底部已有焦块形成，不要去除掉或打散它，让焦块留在底部，防止焦块影响整体馅料的品质。等煮到 120 分钟后，如材料还未收干水分，将材料全部取出，用不粘锅继续煮〔并参考下面—注意：（ii）〕。

③ 待材料在不粘锅内煮至完全干透，就可以放入冷藏盒，在冰冻库内（0℃或以下）长期贮存。使用时取出，室温解冻后，便可以进行操作使用。

注　意

　　（i）不可将热的材料预先放入盛器中；（ii）如不够黏稠，可将草莓馅放入不粘锅，再煮片刻，直至材料完全收干水分为止，其间必须不停地加以搅拌，以防锅底出现焦块。

（III）草莓酥制作方法

① 待面团稍回软即可使用，分割成每个重 19 克的小面团，取一个小面团，稍搓至软滑（不可过度搓揉，以防止面团过于软化），压扁，包入一个重 14 克的草莓馅，然后揉圆，放入心形模子中（模子需先沾些干面粉，这样烤后才易脱模），用手心予以压实，之后放入已铺好耐高温烘焙纸的烤盘中。

② 烤箱开上下火预热至 170℃（需 15 分钟）；将烤盘放入烤箱中层，用上下火 170℃，烤约 10 分钟，再转至 160℃，继续烤 5～8 分钟，等底面均呈金黄色即可出炉，放烤架上。

③ 待稍凉后（几分钟之后）即可脱模，室温放冷后，便随时可以包装。

经验之谈

　　刚出炉的成品，皮相当松脆好吃；但把成品放置在室温下过夜之后再吃，外皮的脆度可能减少，但硬度不减，而且经过一段时间的俗称"回油"效果之后，其味道特别鲜甜好吃，可以说别有风味。如果将成品放置在4℃的冰箱内，可保存一个星期左右，其鲜甜度不减，随时冷吃或让其回转到室温再吃，味道都很好，视食客自己的喜好而定。如果将成品放置在0℃以下的冰柜内，可保存2～3个星期不变干和不变质（当然需把成品放在保鲜袋内保存）。因此，可以这样说，草莓酥是一种非常耐贮存的糕点食物。

◎ 草莓酥被压在心形模具中定型，然后放入烤箱烤熟

◎ 烤熟的草莓酥被放在不锈钢丝的架上，冷却后便可以进行包装

02 / 特色优品草莓卷
Youpin Strawberry Roll

⚖ 2（a）材料

制作特色优品草莓卷 66 个，每个重 18 克（即酥皮 10 克，草莓馅 8 克）。

酥皮材料：无盐黄油（需在室温软化）200 克，细砂糖 60 克，鸡蛋 1 个（50 克），低筋面粉 300 克，全脂奶粉 60 克，盐 1/2 茶匙。

草莓馅材料：500 克［参考 1（a）中草莓馅所需材料］

👨‍🍳 2（b）做法

（Ⅰ）酥皮和草莓馅制作方法

参考 1（b）中酥皮和草莓馅的制作方法。

（Ⅱ）特色优品草莓卷制作方法

① 每次取 10 克重的小面团，放入针筒型模子挤出长条（有细条纹的一面放底部）在面皮上放一粒 8 克重的草莓馅，轻轻卷起，放入已铺好烘焙纸的烤盘中。在卷起的草莓卷表面，刷一层蛋液。

② 将烤箱开上下火预热至 170℃（需 15 分钟）。将烤盘放入烤箱中层，以上下火 170℃烤约 8 分钟，然后转 165℃继续烤 5 分钟，至底面均呈金黄色即可出炉。

经验之谈

草莓卷最好出炉后尽快吃，因为不耐存放。放置在冰箱内也会变软，但如果变软可以烤一下再吃。🍓

◎ 制作草莓卷的模具外形

◎ 从模具中被挤压出来的草莓卷外皮，形成一条长形的带

◎ 在带形的外皮上放置少量草莓馅，然后将馅料卷在内，形成草莓卷

◎ 成形的草莓卷，在面上刷一层蛋液，便可放入烤箱内烘烤了

◎ 烘焙好的草莓卷成品，与草莓酥做比较

/ 特色优品凤梨酥
Youpin Pineapple Cake

3（a）材料

地扪牌（Del Monte）菠萝 2 个或香水菠萝（中国）4 000 克（去皮、去眼、去硬芯，约剩 1 800 克），麦芽糖 150 克（需视菠萝甜度调整），细砂糖 100 克，柠檬汁 2 汤匙，黄油 15 克。最终可得馅料约 760 克。

3（b）做法

① 菠萝去皮、去眼、去芯；将果肉用不锈钢汤匙刮下〔目的是尽量保留果肉内纤维（太粗糙的需去掉），使馅料吃起来多些质感〕；过滤去掉多余的汁液（无须用力压榨）；然后用食物搅拌机，分次将菠萝肉打成粗泥，再稍微滤去些汁液，剩下的菠萝泥备用。

② 将准备好的菠萝泥放入 Kenwood 厨师机的盛器中，再放入麦芽糖、细砂糖及柠檬汁。将盛器放入厨师机底盘上。

③ 插入黑色胶边灵活搅打器；把防漏盖及防喷保护罩插入机头，直至完全嵌紧，然后放下机头。接上电源，把时间设定为 120 分钟；温度设在 140℃；按红色速度钮至 1 挡；其后方法，与特色优品草莓酥 1（b）相同。

④ 当煮至浓稠呈浅焦黄色时，即可取出晾凉，并装盒放冷冻库备用。

使用时取出，在室温解冻后，即可操作使用。

⑤ 凤梨酥皮的制作方法，参考特色优品草莓酥 1（c）的做法。

经验之谈

菠萝馅比草莓馅黏稠，比较容易搓揉，但不能让馅料过冷和过热，因此在制作时，要注意适当地调控室温。同样，酥皮的温度也要适当地予以控制，方便搓揉和操作。凤梨酥的贮存方法与草莓酥基本相同。🍓

◎ 凤梨酥成品外形（一般市面上销售的成品，都呈正方形或长方形）

◎ 含有真实菠萝馅的凤梨酥，都应具有一些菠萝纤维丝（一些加入冬瓜蓉制作的凤梨酥，一般不会含有纤维丝）

材料和做法

　　凤梨 / 草莓酥又名"情侣酥"（已拥有注册商标），名字的缘由，一方面是馅料成双成对地配搭制作，就像情侣一样；另一方面是中国的珠海市有一条非常美丽和出名的情侣路，是珠海市的地标，而本研究是

◎ 制作情侣酥时，需先把草莓馅与菠萝馅混在一起，再将其包裹起来

10

在珠海市完成的，故用其名，予以弘扬，并表示感恩之意。凤梨／草莓酥的制作方法与凤梨酥一样，只是用的馅料采用了菠萝／草莓混合馅（比例为1∶1）。但在准备菠萝／草莓混合馅时，需先把同等分量的菠萝／草莓馅，分别搓成细条，然后将之搓揉在一起，呈麻花状，然后再搓成圆球备用。凤梨／草莓酥的特色，是能够同时尝到菠萝和草莓的味道，可以说是一种颇具特色的风味。暂时，市面上还很少看到有这样的产品销售。

◎ 成型的情侣酥外形

◎ 草莓馅与菠萝馅混在一起，在品尝时可以欣赏到两种味道，与单独品尝草莓酥或凤梨酥相比，口感会很不一样

05 / 特色优品草莓比利时列日华夫松饼
Youpin Strawberry Waffle

我们经过精心研究、调配、改良、优化，已能制作出适合中国人口味的"优品草莓比利时列日华夫松饼"（Belgium Liege Waffle）。比利时列日华夫松饼与普通美式华夫松饼的制作方法完全不同，与美式华夫松饼的味道也不一样。

热出炉的优品草莓比利时列日华夫松饼，口感松软，别具风味（冷了的华夫松饼，经短时间的再次烘烤后，味道仍佳）。如在面上搭配蜂蜜、糖浆、草莓果酱、新鲜草莓、其他水果、果仁、草莓冰激凌等附加品，味道和风味更佳，口感独特，而且多变，是一种美味的甜点，作为早餐或点心小食来吃都非常理想。

5（a）材料

温牛奶 130 克，速溶酵母（instant dried yeast）5 克，中筋面粉 240 克，鸡蛋 1 个，红砂糖 10 克，盐 1/8 茶匙，无盐黄油 150 克，珍珠糖 70 克，草莓干 80 克（事先用朗姆酒或橙酒浸软），新鲜草莓适量。

🍄 5（b）做法

① 牛奶稍加热，黄油室温放软，面粉、红砂糖、盐、速溶酵母一同过筛备用。

② 在搅拌盆中放入除黄油外的所有材料，用手提电动打蛋器慢速搅拌 2 分钟。

③ 加入黄油，中速搅拌 6 分钟（如用手动打蛋器来搅拌，约需 10 分钟）。

④ 搅拌完成的面团放入已抹油的深盆中，面上铺上保鲜膜，让面团在常温下发酵至两倍大，约需 30 ～ 45 分钟（视室温而定）。

⑤ 取出面团，压出空气，将面团分成每个重 55 克的小面团，分别包入珍珠糖及草莓干，并滚圆；之后，需放置在桌上，用保鲜膜覆盖，在室温下松弛 15 分钟。

⑥ 在使用松饼机之前，先预热（选中高温）。之后，放入面团，烤 4 分钟至表面呈金黄色即可取出，放钢丝网架上晾凉。〔注意：如需长期贮存，晾凉后放入保鲜袋内，但不要让松饼粘在一起，用烘焙纸逐个隔开。放置在冰箱冷冻室内。使用时，经室温解冻，即可再加以烘烤〕。

⑦ 食用时，将华夫松饼放在盘中，表面放上新鲜草莓及冰激凌等，以增加风味。

经验之谈

比利时列日华夫松饼在制作时比较干净，不像美式华夫松饼，热压时外溢的面糊容易弄脏松饼机周围。此外，美式华夫松饼面糊并不能长期贮存，因此，制作比利时列日华夫松饼具有许多方便之处。🍓

◎ 刚在松饼机上烤好的比利时列日华夫松饼外形

◎ 在比利时列日华夫松饼上加上冰激凌一起吃，味道非常好（注意：华夫松饼仍要保持热度，这样一冷一热才好吃，冰冷的华夫松饼，味道和口感都不好）

◎ 在比利时列日华夫松饼上加上奶油和其他水果一起吃，味道也很好（注意：华夫松饼仍要保持热度）

06 / 特色优品草莓雪花酥
Youpin Strawberry Snow Cake

草莓雪花酥与上面所介绍的草莓酥等的制作方法完全不一样,它事实上更靠近糖果类,而不像草莓酥等属于糕饼类。草莓雪花酥是近期通过网上的介绍和宣传,而为人所知,并且也很受消费者欢迎。其制作方法较其他的酥类糕饼更为容易;并且具有独特的风味和口感:香甜、酥脆,加入了草莓之后,更带有一些酸甜味。

6(a)材料

无盐黄油 60 克,纯棉花糖 150 克,全脂奶粉 120 克,炼乳 10 克,烤熟杏仁粒 100 克,草莓干粒(预先用朗姆酒或橙酒浸软)60 克,奇福小圆饼干 120 克,包裹用奶粉适量。

6(b)做法

① 用 Kenwood 厨师机,将温度调至 140℃,煮食速度调至 1 挡,预热 3 分钟。

② 锅中加入黄油煮至沸腾,加入棉花糖(逐粒加入)搅拌至刚熔化即可。

③ 将速度调至 3 挡,立刻加入奶粉、炼乳搅拌至材料稍混合,关机。

④ 加入杏仁粒、草莓干粒及对半掰开的小圆饼干，立即用橡皮刮刀翻拌几下，迅速把雪花酥倒入不粘盘中，戴上一次性手套内外翻拌，再用擀面杖擀平，擀得越平切出来的成品越美观好看。

⑤ 待稍凉后，在底面均匀撒上一层奶粉，使其呈雪花效果，同时防粘又具有奶香味。

⑥ 最好用有锯齿的切面包刀，切成长方形或正方形，最后再撒上奶粉，包装。

◎ 草莓雪花酥制成后，被压成大块，然后再切割成小块

◎ 草莓雪花酥成品外形（注意：外面需用奶粉或糖霜包裹，防止外层熔化，粘在一起）

经验之谈

a. 事先必须准备好所有材料，全程动作要快；b. 温度不能太高，棉花糖熔化后立即熄火；c. 加入饼干后不能太用力搅拌，防止饼干被过度压碎；d. 如果不使用 Kenwood 厨师机，而使用电炉或煤气炉，必须使用不粘锅，全程用小火。🍓

07 / 特色优品草莓冰皮月饼
Youpin Strawberry Moon Cake

冰皮月饼是二三十年前，先在香港流行起来的一种具创新概念的月饼，它与中国传统的苏式或粤式月饼都不一样，很受消费者的欢迎。其特色是混合了中式和西式糕点的制作方法和食材，特别是在馅料方面，可以引用多种水果基质作为馅料，使月饼变化更多姿多彩，味道更多样化，馅料的混搭更方便。但缺点是不耐存放，最好吃新鲜的产品。如要长期贮存，需速冻处理。食用时，要让月饼回到4℃或室温。

7（a）材料

冰皮400克，草莓馅400克［参考1（a）中草莓馅所需材料］。

湿料：全脂牛奶85克，椰汁110克，细砂糖38克，菜籽油12克，香草精少许。

干料：粘米粉25克，糯米粉25克，澄粉20克，低筋面粉15克，熟粟粉或椰蓉适量（防粘）。

7（b）做法

（Ⅰ）冰皮的制作方法

① 湿料混合后加入已过筛的干料中，粉浆再过筛，装入深盘中。

② 隔水蒸 15~20 分钟（用针插入不粘，即已熟），取出待稍冷，便可立刻将之搓滑，放入胶袋，并放入 4℃的冰箱内备用。

③ 以上制作好的冰皮，用时从冰箱取出，再搓至软。

（Ⅱ）特色优品草莓冰皮月饼的制作方法

① 冰皮搓软后，分成每个 20 克的小份，再搓圆压扁，包入已搓圆的草莓馅 20 克，搓至圆滑［草莓馅做法参考 1（b）］。

② 准备模具，模具内抹少许粟粉（或椰蓉）使其在脱模时不粘。将已搓圆压扁的冰皮 + 草莓馅，放入模具中压模，成形后便可脱模。

◎ 草莓馅

◎ 用来制作冰皮月饼的模具

经验之谈

　　成形并脱模后的冰皮月饼，即可享用。也可放置在 4℃的冰箱内 1～2 小时后再吃，味道更好。但冰皮月饼在 4℃温度下不能久放，会变质变坏。不过，放入保鲜袋，再放置在 0℃以下，予以速冻，则可贮存较长时间。吃之前，先放在 4℃冰箱中（或室温环境）一段时间后再吃。

◎ 经压模制作的冰皮月饼成品（注意：外面需裹上一些粟粉或椰蓉，防止成品粘在一起）

◎ 如不用传统的冰皮月饼制作模具，也可用手做出各种造型，如元宝、花朵等

注意　在操作时一定要保持清洁卫生，防止细菌等污染，最好戴一次性手套来操作。使用后的模具，必须小心清洗干净，并用刷子把模具各部分彻底地清洁，不能有任何的残留物！在重新使用之前，需再次用水和刷子清洗一下，吹干后，抹上一些干燥的粟粉（或少许椰蓉），以防止冰皮粘在模具上，导致脱模困难。

08 / 特色优品草莓 / 紫薯鸳鸯冰皮月饼
Youpin Strawberry Lovers Moon Cake

8（a）材料

材料和制作方法参考 7（a）、7（b），只有内馅需稍作变化。总的来说，需准备草莓馅 100 克，紫薯馅 200 克。

草莓馅材料：参考 1（a）中草莓馅所需材料。

紫薯馅材料：新鲜紫薯 500 克，细砂糖 80 克，炼乳 20 克，椰奶 15 克。

8（b）做法

（Ⅰ）紫薯馅制作方法

① 将新鲜紫薯 500 克洗净去皮、切片、隔水蒸熟；趁热压成细泥。

② 锅中放入细砂糖 80 克，炼乳 20 克，椰奶 15 克，煮至糖熔稍稠，加入紫薯泥煮至黏稠（所谓黏稠，指的是要能用双手搓成团，方为合适）。

（Ⅱ）草莓馅制作方法

参考 1（b）中草莓馅的制作方法。

（Ⅲ）草莓 / 紫薯鸳鸯冰皮月饼的制作方法

① 将约 3 克重的草莓馅，放入 17 克的紫薯馅中间，将两者搓圆备用。

② 根据 7（b）（Ⅱ）的方法，包裹、放入模具、压至成形。

◎ 紫薯馅

◎ 草莓 / 紫薯鸳鸯冰皮月饼外形

经验之谈

草莓 / 紫薯鸳鸯冰皮月饼内的草莓馅应呈现流汁感。我们最近发现，不一定要用制作月饼的模具，也可以制作美味的产品。这里介绍两款传统折叠形产品，我们分别命名为"冰皮草莓元宝饼"以及"冰皮草莓桂花饼"，非常适合在各种喜庆节日（如过年、生日，祝贺开业等）作为礼物赠送给亲朋好友，喻义花开富贵、如意吉祥、财源广进（元宝滚滚来）。这两种产品的制作方法虽然简单，但制作的时候要使其成形，需要一些技巧，不过所谓熟能生巧，只要花一些时间练习便可。但注意，需要调整一下草莓馅与紫薯馅的比例，可考虑采用草莓馅 3 克、紫薯馅 17 克（即保持每个产品馅料 20 克、冰皮 20 克；但也可以尝试把馅料的总量从 20 克降至 10 克，但冰皮仍需保持 20 克）。此外，如果觉得草莓味过重，掩盖掉紫薯味，可以适当地增加紫薯馅的比例。对于冰皮草莓桂花饼来说，在草莓馅或紫薯馅内可加入少量的桂花糖，以增加其桂花香味，使冰皮草莓桂花饼色香味俱全。桂花糖的制作方法也很简单，只需把新鲜的桂花与细砂糖分层放在一个玻璃瓶内，满到瓶顶，压紧，放在 4℃的冰箱内，长期贮存。过一段时间，糖会慢慢溶化，渗入桂花内，这样就可以长期保留桂花的独特香气。同样，也可用同样的方法制作玫瑰花糖，再将其加入冰皮草莓饼馅内，这样便可以制作出具玫瑰花香味的冰皮草莓玫瑰花饼了。在广东省中山市，有一个茶薇花（为玫瑰花的一个变异种）的种植生产基地，他们同样将茶薇花制作成糖，名为茶薇花糖来出售。如将其加入冰皮草莓饼馅内，便能制作成冰皮草莓茶薇饼和冰皮草莓茶薇月饼等。依照我们的品尝结果来看，色香味也都非常好。如要把白色的冰皮变为大理石花纹（marble color），则可将内馅压一下，使少许内馅溢出，就会出现大理石花纹的效果了。🍓

09 / 特色优品草莓面包
Youpin Strawberry Bread

🎚 9（a）材料

液种材料：法国面包粉 100 克，干酵母 1 克，水 100 克，盐少许。

主面团材料：高筋面粉 133 克，法国面包粉 100 克，干酵母 3.5 克，黑糖水（黑糖 40 克 + 热滚水 20 克）60 克，全蛋 33 克，水 57 克，无盐黄油 20 克，盐 5 克。

其他材料：亚麻籽（预先浸水半小时）20 克，草莓干（加橙酒浸软再炒至稍干）60 克，核桃（用滚水烫后抹干，加蜂蜜并在 150℃烤箱中烘烤 8 分钟）60 克，稞麦粉适量（撒面用）。

🍳 9（b）做法

① 将所有液种材料混合搅拌均匀。放室温下 1 小时，再放 4℃冰箱内冷藏 12 小时以上（不要超过 24 小时，以免液种发酵过头）。

② 制作混合面团。将高筋面粉、法国面包粉、干酵母、黑糖水、全蛋、水、亚麻籽等材料放入搅拌盆，再加入液种混合在一起。让搅拌机慢速搅打 2 分钟，直到看不见面粉，再转中速继续搅拌 6 分钟。加入黄油再搅打 4 分钟，使面团可以形成一层薄膜，最后加入盐，继续搅打 1 分钟即可。

③ 取出面团，将熟核桃、草莓干放入搅拌盆，分次加入面团用中速搅匀即可。

④ 取出面团，放入已抹油的塑料盒中，在室温下（28℃左右）进行第一次发酵 40 分钟。

⑤ 第一次翻面。取出面团，将之拍松（排气）并三折叠一次，再放回塑料盒中发酵 20 分钟。

⑥ 第二次翻面。取出面团拍松，再三折叠一次，放回塑料盒中发酵 20 分钟。

⑦ 最后，取出发酵好的面团，分割成每个 180 克的面团（共可分成 4 个小面团）；再将小面团拍松，折叠成纺锤形（做法是将面团擀成长条形，再翻转面，将两侧往中间包拢卷起，收口向下）；然后放在桌上松弛 15 分钟（用保鲜膜或坯布覆盖表面）。

◎ 特色优品草莓面包在烘烤之前的外观，表面已撒上裸麦粉

⑧ 整形。将面团拍松，用双手将面团向左右拉长，再三折（面团由下往上推到 1/3 处压合，将另一端翻卷盖起），手顺势往上将面团推回 1/3 处，轻轻拍掉多余的空气将面团翻卷盖起，接口处轻轻压至黏合，封口朝下。

⑨ 最后发酵。放在已铺好烘焙纸的烤盘中，最后发酵 60 分钟。

⑩ 割纹。用割纹刀在面团表面划数道斜线，表面撒上粿麦粉。

⑪ 烘烤。将面团及烤盘，放进已预热的烤箱底层，用上火 230℃、下火 190℃（如果家庭烤箱的温度无法分别调节，可只用 220℃ 来烘烤），给予蒸气（即在面团入烤箱前用喷水壶向烤箱喷几下冷水），烤约 16 分钟。

◎ 经烘烤之后的面包外观，口感外脆内软，但要趁热吃

10 / 特色优品旋转草莓面包
Youpin Strawberry Bread Twist

🥢 10（a）材料

液种材料： 法国面包粉 100 克，干酵母 1 克，水 100 克，盐少许。

主面团材料： 高筋面粉 133 克，法国面包粉 100 克，干酵母 3.5 克，黑糖水（黑糖 40 克 + 滚水 20 克）60 克，全蛋 33 克，水 57 克，无盐黄油 20 克，盐 5 克，第二次用水 27 克。

其他材料： 草莓干（加橙酒浸软再炒至稍干）60 克，核桃（用滚水烫后抹干，加蜂蜜并在 150℃ 烤箱中烘烤 8 分钟）60 克，粿麦粉适量（撒面用）。

👨‍🍳 10（b）做法

① 将所有液种材料混合搅拌均匀。放室温 1 小时，再放 4℃ 冰箱冷藏 12 小时以上（不超过 24 小时）。

② 制作混合面团。将高筋面粉、法国面包粉、干酵母、黑糖水、全蛋、水等材料放入搅拌盆，再加入液种混合在一起，搅拌机慢速搅打 2 分钟，直到看不见面粉，转中速继续搅拌 6 分钟；加入黄油再搅打 4 分钟，使面团可以形成一层薄膜，加入盐继续搅打 1 分钟；最后将第二次用水慢慢加入，用中速搅拌均匀即可。

③ 取出面团放入已抹油的塑料盒中，在室温下（28℃左右）进行第一次发酵 40 分钟。

④ 第一次翻面。取出面团拍松（排气）拍平，三折叠第一次；之后在面皮中间铺上核桃 15 克、草莓干 15 克，折 1/3 面皮，盖上草莓干及核桃；再铺上草莓干 15 克及核桃 15 克，用另外 1/3 面皮覆盖。再放回塑料盒发酵 20 分钟。

⑤ 第二次翻面。取出发酵好的面团，将面团拍松，三折叠第二次（参照第一次翻面的做法铺上草莓干及核桃），再放回塑料盒中发酵 20 分钟。

⑥ 最后整形。取出发酵好的面团拍平，分成 4 等份长条，每条稍微旋转一下，轻轻放入已铺好烘焙纸的烤盘，面上撒适量的裸麦粉。

⑦ 最后发酵。放在已铺好烘焙纸的烤盘，最后发酵 60 分钟。

⑧ 烤盘放进已预热好的烤箱底层，用上火 230℃、下火 190℃（家庭烤箱温度可设置为 220℃），给予蒸气，烤约 16 分钟。

◎ 旋转草莓面包经烘烤之后的外观，趁热食用，口感更佳

经验之谈

　　特色优品草莓面包与特色优品旋转草莓面包的制作方法很相似，差别主要在于包裹草莓干、核桃等材料时的手法不一样。它们的口感也差不多，皮稍带脆、肉松软、有一点甜味、香浓可口。涂抹上一些黄油或果浆（如特色优品草莓果酱），味道更佳。这种面包的另一个特点是耐贮存，如套上保鲜袋，放在 0℃以下速冻，可存放一个多月，也不会变干和变质（出炉后，放在保鲜袋内，室温存放 2 天左右，也不会干掉或发霉），吃的时候放在 4℃冰箱内或室温下，1～2 小时之后，便可以食用了。但是最好在吃之前，放入烤箱内烘烤一下，使皮更为硬脆，口感会更好。配上咖啡或茶来吃，味道极佳，是一种舌尖上的享受；适合在早餐和下午茶时食用。

11 / 特色优品草莓黄油蛋糕
Youpin Strawberry Butter Cake

11（a）材料

低筋面粉 180 克，泡打粉 4 克，黄砂糖 160 克，鸡蛋 4 个，无盐黄油 200 克，盐少许，核桃 80 克，草莓干 60 克，柠檬皮碎 1 汤匙，香草精半茶匙。

11（b）做法

① 将无盐黄油在室温下软化，用手提电动打蛋器低速打至微发，再转中速，分次加入黄砂糖打至糖溶呈奶白色。之后，分次加入蛋液，继续用搅拌机快速打至黏稠（呈海绵状）（注意：在制作前 1 小时，需将黄油及鸡蛋从冰箱里取出）。

② 将低筋面粉、泡打粉、盐一同过筛；再取半杯面粉（注意：已在要用的面粉分量中，不需额外添加）与核桃、草莓干混合（这样就可以保证在烘烤时，核桃、草莓干不会下沉至底部，而是均匀分布在蛋糕里）。

③ 将已过筛的粉类，分次加入黄油蛋糊中轻轻搅拌，最后加入核桃、草莓干、柠檬皮碎及香草精；用橡皮刮刀以切、压的方式搅拌，使所有材料搅拌均匀。不可过度用力搅拌，以避免面糊产生筋性。

④ 准备两个 16 厘米 ×10 厘米长方形烤模；烤模内抹油，围上纸边，模底铺上油纸打底，将材料倒入模子内约 3/4 满。

⑤ 烤箱开上下火，预热至 175℃，将两个烤模放入烤箱底层，烤约 35 ～ 40 分钟。用针插入蛋糕中央测熟，如没有黏糊状在针上出现，即可出炉，在烤架上待冷脱模。

◎ 草莓黄油蛋糕经烘烤成形后的外观

◎ 草莓黄油蛋糕切开之后，草莓和核桃粒应较均匀地散布在蛋糕内

经验之谈

特色优品草莓黄油蛋糕是一款很好吃的蛋糕。其特点是容易制作，耐贮存。整只蛋糕烤好后，用保鲜膜包裹，在室温下可放置 4 ～ 5 天；在 4℃下更可放置 1 ～ 2 个星期；在 0℃速冻后可放置更长时间。也可将蛋糕切成厚片来贮存。这一款蛋糕与西方国家在圣诞节时做的圣诞蛋糕相似，但减少了甜度和油腻感，更适合中国人的口味，相信将成为中国消费者较为喜欢购买和食用的一款蛋糕。🍓

12 / 特色优品草莓日月贝蛋糕
Youpin Strawberry Madeleine

这是一款很出名的古老法式蛋糕，据说是由一位来自法国小村庄的玛德琳女士所创。其制作方法非常简单，可以有不同的变化；不过，其贝壳形的外部形状基本不会变化。在制作这一款蛋糕时，我们将草莓干处理后（或再加入少许草莓馅），包裹在蛋糕内，使蛋糕的味道更好吃、鲜美。此外，我们认为，用原来的法国名称来形容这一款蛋糕，不容易在中国进行推广；为此，我们为这一款蛋糕起了个新的名字。我们参考了珠海市的地标——珠海大剧院初建立时用过的名字：日月贝歌剧院，希望能够让这一个名称永久保留下来，相信该蛋糕将来也能像珠海大剧院一样出名，成为珠海市的一款特色小食。

12（a）材料

低筋面粉 65 克，泡打粉 2 克，盐少许，细砂糖 70 克，柠檬皮碎 1 汤匙，全蛋液 65 克，无盐黄油 70 克，牛奶 10 克，草莓干粒 20 克（加橙酒浸软再炒至稍干），珍珠糖 50 粒，香草精 1/4 茶匙，日月贝烤模（即玛德琳烤模）12 个。

12（b）做法

① 低筋面粉、泡打粉及盐混合过筛。柠檬外皮刨成碎屑（不要白色部分），与细砂糖拌匀，使其受潮散发香气。

② 蛋液、细砂糖、柠檬皮碎及香草精用手提电动打蛋器搅拌均匀。

③ 将已过筛的面粉等拌入蛋糊中，混合至粉类完全融合（不用打发）。

④ 加入牛奶及融化的黄油，再混合均匀。

⑤ 最后，加入草莓干粒，用橡皮刮刀搅拌均匀。面糊上盖一层保鲜膜，放室温下松弛静置 1 小时。

⑥ 用刷子将烤模涂上黄油，再撒上一层高筋面粉，将烤模上多余的面粉拍掉。每个烤模底部铺上数粒珍珠糖（加与否随意）。

⑦ 将醒发好的面糊装入裱花袋中。裱花袋尖口剪开一小孔，要保证草莓干粒能通过。挤入烤模约 8 分满。

⑧ 烤箱预热 210℃，将烤模放入烤箱中层，并立即将温度调低至 185℃，烘烤约 10 分钟，或者直到日月贝蛋糕中间隆起（或裂开）即可。

⑨ 出炉后将烤模在工作台上轻敲，易于脱模，再放冷却架上放凉。

经验之谈

日月贝蛋糕有时并不容易脱模，关键是将烤模涂上黄油，再撒上一层高筋面粉，要掌握好厚度。此外，就烤模本身来说，铁或硅胶烤模相比较我们更喜欢用硅胶烤模，因为其较为柔软且易于操作。

◎ 草莓日月贝蛋糕的蛋糕糊，需挤进模子才能进行烘烤，注意模子上已经涂抹了黄油并撒了面粉，方便烘烤后脱模

◎ 成形的草莓日月贝蛋糕的外观，可以见到一些草莓粒散布在蛋糕内

13 / 特色优品草莓核桃杯子蛋糕
Youpin Cup Cake

🥛 13（a）材料

低筋面粉 180 克，泡打粉（baking powder）7 克，盐 1/4 茶匙，无盐黄油 120 克，细砂糖 120 克，柠檬皮碎 1 汤匙（用少许糖拌匀使其散发香味），全蛋 3 个（150 克），牛奶 60 克，草莓干粒 40 克（加橙酒浸软再炒至稍干），熟核桃粒 30 克，香草精 1/4 茶匙，蛋糕表面装饰适量（注意：以下材料的总量，如做 93 克重的杯子蛋糕，用 6 厘米纸杯，可做 7 杯）。

👨‍🍳 13（b）做法

① 将无盐黄油在室温下软化，用手提电动打蛋器低速打至微发，转中速分次加入细砂糖打至糖溶呈奶白色。之后，分次加入蛋液，继续用打蛋器快速打至黏稠（呈海绵状）。

② 低筋面粉与泡打粉、盐一同过筛，加入黄油蛋糊中，分次加入香草精、柠檬皮碎、核桃、草莓干及牛奶混合。用橡皮刮刀以切、压的搅拌方式，将所有材料搅拌均匀。不可过度用力搅拌，避免面糊产生筋性。

③ 用橡皮刮刀将面糊刮入裱花袋中，裱花袋尖口剪一小口将面糊挤入纸杯内，只需七分满，然后放入烤盘。

④ 烤箱开上下火预热至180℃，将烤盘放入烤箱底层，先烤10分钟，再转至170℃烤10分钟。

⑤ 烘烤完成后，用针插入蛋糕中央测熟，如没有黏糊状在针上出现，即可出炉，在烤架上待冷，装饰。

经验之谈

杯子蛋糕现今在中国很受消费者喜爱。一般在蛋糕店能买到的杯子蛋糕上面，都会加上一些装饰，如着色花纹奶油、各种彩色的微小糖粒、果仁、水果等，使杯子蛋糕更具吸引力及具有不同的口味。大家有兴趣也可尝试做一下，表现一下你们自己的艺术天分。🍓

◎ 杯子蛋糕表面可随意加上各种装饰

14 / 特色优品草莓核桃曲奇饼
Youpin Strawberry Cookies

🥄 14（a）材料

低筋面粉 240 克，奶粉 15 克，细砂糖 70 克，鸡蛋半个，无盐黄油 120 克，盐少许，熟核桃粒 30 克，草莓干粒 30 克（加橙酒浸软再炒至稍干）。

🌳 14（b）做法

① 黄油在室温下软化，加入细砂糖用手提电动打蛋器打至混合即可（不用打太久）。分两次加入全蛋液至完全融合。

② 将过筛的面粉、奶粉、盐加入黄油蛋糊中，再用橡皮刮刀轻轻翻拌，加入熟核桃粒、草莓粒稍作搅拌并揉成圆柱形（不要过分搓揉）。

③ 将面团包入烘焙纸中卷成长方柱形，放入长方形木制模具中压实，再放入冰箱 4℃ 冷藏，直到面团变硬（约需 2 小时）。

④ 将面团从冰箱取出，放在室温下静置 10 分钟。放在案板上用刀切成 8 毫米厚的四方形小块，放入已铺好烘焙纸的烤盘中。

⑤ 将烤箱预热至 170℃，把烤盘放入烤箱底层，上下火烤 15 ～ 18 分钟至表面呈浅黄色。

◎ 特色优品草莓曲奇饼的面团，先在一个木制的模子内挤压成形

◎ 脱模后的面团，需用烘焙纸包裹好，放入冰箱4℃冷藏一段时间，使其硬化

◎ 把硬化后的面团切成薄块

◎ 将经切成薄块后的曲奇饼，分开平放在烤盘内，注意不要让饼块粘在一起

◎ 烘烤后的特色优品草莓曲奇饼外观

经验之谈

　　这是一款很经典的曲奇饼干，是大酒店下午茶中最常见的一种西式糕点。只要保持干爽，能贮存较长时间。🍓

15 / 特色优品草莓牛奶硬曲奇饼
Youpin Strawberry Hard Crispy Cookies

15（a）材料

无盐黄油 75 克，炼乳 75 克，糖粉 24 克，低筋面粉 180 克，杏仁粒 30 克，草莓干粒 30 克（加橙酒浸软再炒至稍干），蛋液半个（扫面用）。

15（b）做法

① 无盐黄油在室温下软化，加入糖粉、炼乳一同搅匀。

② 低筋面粉过筛后加入黄油糊中，用橡皮刮刀稍微搅拌，再加入杏仁粒、草莓干粒翻拌均匀，整合成圆柱形。

③ 将面团包入烘焙纸中卷成长方柱形，放入长方形木制模具中压实，再放入冰箱 4℃冷藏，直到面团变硬（约需 2 小时）。

④ 将面团从冰箱取出，放在室温下静置 10 分钟。放在案板上用刀切成 1 厘米厚的四方形片，再把每片切成两块，放入已铺好烘焙纸的烤盘中，饼上扫一层蛋液。

⑤ 将烤箱预热至 170℃，把烤盘放入烤箱底层，上下火烤 10 分钟后，降温至 155℃左右继续烤 10 分钟，至曲奇饼干表面呈金黄色且质地硬脆。

经验之谈

　　这一款曲奇饼干的特色是特别硬脆，因此感觉很特别，非常受欢迎。制作方法很简单。在大酒店经常放在咖啡杯旁，赠送给顾客。在干爽条件下，能贮存很长时间。🍓

◎ 特色优品草莓牛奶硬曲奇饼的外观，由于面上涂了一层蛋液，所以表面的颜色较为焦黄

16 / 特色优品草莓薄煎饼
Youpin Strawberry Pancake

16 (a) 材料

制作材料：低筋面粉 25 克，粟粉 5 克，泡打粉 1/2 茶匙，盐 1/8 小匙，蛋黄 1 个，香草精少许，牛奶 20 克，黄油 20 克，蛋清 1 个，细砂糖 20 克，糖霜适量。

摆盘装饰：草莓、香蕉及鲜奶油。

16 (b) 做法

① 将低筋面粉、粟粉、泡打粉、盐一同过筛。

② 将蛋黄、香草精、牛奶及黄油混合均匀，加入已过筛的粉类中简单搅拌。

③ 将蛋清、细砂糖用手提电动打蛋器打发，用橡皮刮刀分次加入蛋黄面糊中轻轻拌匀。

④ 取一大匙面糊放入已抹油的平底煎锅中，两面煎成金黄色，取出装盆，撒上糖霜。

⑤ 用新鲜草莓、香蕉装饰，可搭配鲜奶油一同食用。

经验之谈

　　薄煎饼的制作方法很多，这里介绍的是一种日式煎饼，它比一般的法式煎饼要厚一点，但口感也很好。如裹上果酱和各种水果一起吃，味道更多样化。

◎ 在特色优品草莓薄煎饼上，配上草莓或草莓酱（以及其他各种水果）和奶油等，吃起来味道非常好。但薄煎饼要趁热吃，味道会更好

17 / 特色优品草莓苹果叉烧酥
Youpin Strawberry BBQ-Pork Roll

17（a）材料

千层酥皮：无盐黄油 180 克（冷藏至使用时取出），中筋面粉 120 克，低筋面粉 60 克，盐 1/4 小匙，鸡蛋半个，冰水 80 克，白醋半小匙。

草莓苹果叉烧馅：叉烧半斤，苹果一个切粒，草莓干粒 2 大匙，洋葱、干葱、葱、姜适量，生抽、蚝油、胡椒粉、麻油及水适量。

17（b）做法

（Ⅰ）千层酥皮的制作

① 除黄油外所有材料放入盆中，搓揉成光滑的圆面团，放冰箱冷藏半小时。

② 无盐黄油切成 2.5 厘米厚的正方形黄油片，用保鲜膜包裹，再用擀面杖轻轻敲打成长 15 厘米的正方形，放冰箱冷藏半小时。

③ 取出面团，在中间用刀片割出一道很深的"十"字切口，将切口四角向外延伸，并向四角方向擀平，形成中间为 15 厘米的正方形外皮。

④ 将黄油放在外皮中间，用四角的外皮包裹住黄油片，放冰箱冷藏 1 小时。

⑤ 取出酥皮，撒些干面粉。用擀面杖轻轻拍松，擀成 36 厘米 ×15

厘米的长方形，将酥皮折叠成三层，放冰箱冷藏半小时。

⑥ 取出酥皮擀开，重复三折叠两次及四折叠一次（此折叠法俗称三翻四折）。放入冰箱冷藏备用。

（Ⅱ）草莓苹果叉烧馅制作

① 草莓干切成小粒。

② 苹果也切成小粒，锅中放极少量黄油，将苹果粒炒软。

③ 叉烧切成指甲片大小备用。

④ 锅中烧热油，爆香洋葱粒、干葱粒、葱、姜等，下适量生抽、蚝油、胡椒粉、麻油与少许水煮滚，熄火去渣留汁，加入叉烧片略煮后勾芡即可。

⑤ 待叉烧馅冷至室温，拌入草莓干及炒过的苹果粒。

（Ⅲ）草莓苹果叉烧酥制作

① 酥皮擀成 3 毫米厚，40 厘米 ×30 厘米的长方形。

② 用直径 8 厘米的圆形模型压出圆形酥皮 6 片；另外用刀切出 8 厘米 ×6.5 厘米的酥皮 6 片，备用。

③ 造型。

半月形造型：取一片圆形酥皮，将叉烧馅料置于半月形一边，将另一边折过去，夹口处扫上少许蛋液，让夹口处粘紧。用一水杯，在半月形叉烧酥皮上，压出一个半月形圈线，使接口处贴紧。然后在酥皮表面，再扫一层蛋黄液。

长形造型：取一片长方形酥皮，将叉烧馅置于酥皮的中间，然后卷起，夹口处扫上少许蛋黄液，使夹口粘紧，再在面上划上几刀，并在整个酥面上扫一层蛋黄液。

④ 全部成品放入已铺好烘焙纸的烤盘。预热烤箱 200℃，烤盘放入烤箱烘烤 10 分钟，再降温至 180℃烤七八分钟至颜色呈金黄色。

◎ 特色优品草莓苹果叉烧酥的酥皮制作非常复杂，需要用面皮将黄油包裹起来，然后经过多重折叠

◎ 草莓苹果叉烧酥的外形可制作成长形或半月形

经验之谈

　　叉烧酥是广东地区很出名的一款点心，大多数茶楼都有供应。由于叉烧馅本身都会带有一些甜味，因此草莓和苹果的加入，不但不会影响叉烧馅的原味，同时还能丰富原叉烧馅的鲜爽口感，可以说别具风味。🍓

18 / 特色优品草莓脆皮夹
Youpin Napolean Strawberry Cake

18（a）材料

千层酥皮一大片，新鲜草莓适量，糖粉适量。

千层酥皮材料：无盐黄油 180 克（冷藏至使用时取出），中筋面粉 120 克，低筋面粉 60 克，盐 1/4 小匙，鸡蛋半个，冰水 80 克，白醋半小匙。

卡仕达奶油馅（custard）：牛奶 250 克，蛋黄 3 个，细砂糖 50 克，香草荚 1/4 根（取出香草籽），低筋面粉 12 克，玉米粉 12 克，无盐黄油 15 克。

18（b）做法

（Ⅰ）千层酥皮制作

参考 17（b）（Ⅰ）中千层酥皮的制作方法。

（Ⅱ）卡仕达奶油馅制作

① 牛奶与香草籽放入锅中，煮到滚沸冒小泡即离火，备用。

② 盆中放入蛋黄和细砂糖混合，将低筋面粉、玉米粉拌入蛋黄糊中，用手动搅拌器拌匀。

③ 牛奶稍凉后分次加入蛋黄糊中轻轻搅拌，再过滤倒回锅中，以中小火边煮边搅拌，至滚沸即离火（厚度足以覆盖木勺背部即可），加

入黄油并使其融化。

④ 放入盆中，上面铺保鲜膜压实以防止干燥变硬形成结膜。

（III）草莓脆皮夹的制作

① 取出酥皮擀成 2 毫米厚，60 厘米 ×40 厘米的长方形。

② 在酥皮上插洞（用叉），铺在烤盆上，放入已预热 200℃ 的烤箱中烘烤 20 分钟。

③ 取出脆皮放烤架上冷却，切成数片 5 厘米 ×10 厘米脆皮。

④ 卡仕达奶油馅放入裱花袋（裱花袋尖部剪一小口），取一片脆皮作底部，在上面挤出 3 条奶油馅。

⑤ 再摆入草莓，上面盖一片脆皮（可以两层或三层）。

⑥ 上面铺一些半粒型草莓装饰，再撒上适量糖粉。

◎ 特色优品草莓脆皮夹，先放一块脆皮在底部，然后再把奶油馅及新鲜草莓摆在上面，之后再覆盖上一片脆皮。如要增加层次，可再叠加一层，也很常见

经验之谈

　　草莓脆皮夹是一款很常见的糕点，是西点拿破仑系列中很有名的一种，其夹在中间的卡仕达奶油馅，可以有多种变化，如巧克力味、咖啡味、各种水果味等。所含酥皮可以两层或三层叠加起来，再加上新鲜草莓，吃起来味道非常独特。🍓

19 / 特色优品草莓挞
Youpin Strawberry Tart

🏺 19（a）材料

挞皮：无盐黄油 100 克（冷藏至使用时取出），细砂糖 60 克，低筋面粉 180 克，盐 1/4 小匙，蛋黄 1 个。

卡仕达奶油馅（custard）：牛奶 250 克，蛋黄 3 个，细砂糖 50 克，香草荚 1/4 根（取出香草籽），低筋面粉 12 克，玉米粉 12 克，无盐黄油 15 克。

鲜奶油及草莓适量：装饰用。

👨‍🍳 19（b）做法

（Ⅰ）卡仕达奶油馅制作方法

参考 18（b）（Ⅱ）中卡仕达奶油馅的制作方法。

（Ⅱ）挞皮制作方法

① 低筋面粉与盐一同过筛，备用。

② 将无盐黄油压扁，与细砂糖一同搓成粗粒，加入面粉用刮板按压成雪花状，再加入蛋黄液整合成面团。

③ 将面团在工作台上轻压，直至完全混合均匀。用塑料袋包裹后压成扁平状，放冰箱冷藏 1 小时以上。

④ 取出冷藏过的面团，在工作台及面团上撒上少许高筋面粉，用擀面杖轻敲并擀成 2 ～ 3 毫米厚的面皮，切出比挞盘大的面皮，覆盖在挞盘上。

⑤ 用两手拇指轻轻按压面皮周围，切去多余面皮。

⑥ 在挞皮底部叉孔排气，以防烘烤时胀起。

⑦ 烤箱预热 180℃，烘烤 15 分钟至挞皮呈金黄色，取出待冷。

⑧ 将预先制作好的卡仕达奶油馅放入裱花袋，挤在已冷却的挞皮上，再挤上鲜奶油，上面铺上草莓装饰。

经验之谈

　　草莓挞的特点是挞皮松软，与卡仕达奶油馅的浓滑味道很合拍，再加上草莓微微的酸甜味，留在口中久久不散。

◎ 特色优品草莓挞的底部刚离开烤箱时的形状。注意在底部有些小孔，这是在烘焙前叉上的，以防挞皮在烘烤时胀起

◎ 用裱花袋挤入卡仕达奶油馅

◎ 然后再加入新鲜草莓和鲜奶油，形成各种形状的水果挞

20 / 特色优品草莓杏仁挞
Youpin Frangipane Tart

🍳 20（a）材料

直径 18 厘米圆挞盘。

挞皮：无盐黄油 100 克（冷藏至使用时取出），细砂糖 60 克，低筋面粉 180 克，盐 1/4 小匙，蛋黄 1 个。

卡仕达奶油馅（custard）：牛奶 250 克，蛋黄 3 个，细砂糖 50 克，香草荚 1/4 根（取出香草籽），低筋面粉 12 克，玉米粉 12 克，无盐黄油 15 克。

草莓杏仁蛋糕：无盐黄油 100 克，细砂糖 70 克，鸡蛋 100 克，杏仁粉 100 克，低筋面粉 20 克，柠檬皮碎，草莓酱 100 克，蛋黄液少许扫挞底，杏桃果酱适量。

🥦 20（b）做法

（I）挞皮制作方法

① 低筋面粉与盐一同过筛，备用。

② 将无盐黄油压扁，与细砂糖一同搓成粗粒，加入面粉用刮板按压成雪花状，再加入蛋黄液整合成面团。

③ 将面团在工作台上轻压，直至完全混合均匀。用塑料袋包裹后

压成扁平状，放冰箱冷藏 1 小时以上。

④ 取出冷藏过的面团，在工作台及面团上撒上少许高筋面粉，用擀面杖轻敲并擀成 2～3 毫米厚的面皮，切出比挞盘大的面皮，覆盖在挞盘上。

⑤ 用两手拇指轻轻按压面皮周围，切去多余面皮。

⑥ 在挞皮底部叉孔排气，另外在挞皮底部铺上一张烘焙纸及小石子（可用红豆或绿豆代替）以防烘烤时胀起。

⑦ 烤箱预热 180℃，烘烤 15 分钟至挞皮呈金黄色，拿掉烘焙纸及小石子再烤 5 分钟。取出在挞皮底部刷一层蛋黄液再放入烤箱烤 1 分钟，取出待冷。

（Ⅱ）卡仕达奶油馅制作方法

参考特色优品草莓脆皮夹 18（b）（Ⅱ）。

（Ⅲ）杏仁蛋糕制作

① 将无盐黄油在室温下软化，用手提电动打蛋器低速打至微发，转中速分次加入细砂糖打至糖溶呈奶白色。之后，分次加入蛋液，继续用打蛋器快速打至黏稠（呈海绵状）。

② 将已过筛的低筋面粉与杏仁粉、柠檬皮碎加入黄油蛋糊中混合。用橡皮刮刀以切、压的方式，将所有材料搅拌均匀，不可过度用力搅拌，避免面糊产生筋性。

③ 将蛋糕糊拨入挞盘约 3/4 深即可。

④ 草莓酱放入裱花袋中（裱花袋尖部剪一小口，放入一个中型裱花嘴向前推紧，再放入草莓酱），将裱花嘴插入蛋糕糊底部，在挞面挤出一朵朵"草莓酱"花纹。

⑤ 烤箱预热 190℃，放入挞盘烤 12～15 分钟呈金黄色。取出放在

烤架上待冷。

⑥ 杏桃果酱小火煮滚，即刻用烘焙刷抹在已冷却的蛋糕表面使之有光泽。

⑦ 切件摆盘，可搭配卡仕达奶油馅同食。

◎ 特色优品草莓杏仁挞的外形

◎ 切成块之后，可加上鲜奶油或冰激凌，味道更佳

21 / 特色优品草莓紫薯饼
Youpin Strawberry Purple-Sweet-Potato Cake

21 (a) 材料

制作 22 个共需草莓馅 70 克，紫薯馅 450 克。

水油皮：中筋面粉 250 克，食用油 80 克，热水（75℃）80 克，凉水 50 克，细砂糖 20 克。

油酥：低筋面粉 220 克，食用油 110 克。

21 (b) 做法

① 制作水油皮面团。将中筋面粉与食用油揉成粉粒状，分次加入热水（75℃）拌匀，再加入凉水搓揉 10 分钟。用保鲜膜包裹醒发半小时（用湿毛巾覆盖可防干）。

② 制作油酥面团。将低筋面粉与食用油混合，搓、揉、推使油面完全融合，用保鲜膜包裹醒发 15 分钟。

③ 将水油皮、油酥面团分别分成 22 个小面团，每个水油皮面团（18克）擀平后包入油酥面团（15 克），四面分别向中间折，翻面（折口朝下）并稍压（使折口粘实）。再翻面（折口向上）。

④ 每个面团由中间向两端擀压，将两端压薄并由外向内卷起，放在台面上，全部用保鲜膜覆盖再醒发 15 分钟。

⑤ 再由中间向两端擀压并卷起，用保鲜膜覆盖再醒发 15 分钟。

⑥ 将已醒发面团的两端接口往中间按压，擀压成圆薄片（约两张饺子皮厚薄），包入草莓紫薯馅，接口（底）向下搓圆，醒发 10 分钟（用湿毛巾覆盖防干）。

⑦ 底部扫水再沾上芝麻稍按扁，将饼放入已铺好烘焙纸的烤盘中，取一些红色食用色素在饼面上盖一个印章。

⑧ 烤盘放入已预热170℃的烤箱，烘烤约15分钟至饼呈金黄色即可。

◎ 特色优品草莓紫薯饼的紫薯馅，制作方法见 8（b）

◎ 制成后的草莓紫薯饼的外形

◎ 草莓紫薯饼切开后，紫薯馅中间含有草莓酱

经验之谈

　　草莓紫薯饼是一款颇具特色的糕点，传统的做法一般是用豆沙或莲蓉做馅料，作为一种结婚礼品来销售。但现今由于紫薯馅的流行，因此多了一个可供茶点之用的选择。紫薯馅还有一个优点，就是它比较容易与一些水果馅料混搭在一起，这样不但不会影响紫薯的特殊味道，还可以使紫薯馅的味道更多元化。这里我们将草莓与紫薯馅搭配，呈现出一种别具风味的感觉。

22 / 特色优品草莓凯撒蛋糕
Youpin Sacher Cake

🎚 22（a）材料

蛋糕制作材料：可用直径 20 厘米的圆形中空模。

① 蛋黄糊：无盐黄油 60 克，牛奶 60 克，细砂糖 30 克，低筋面粉 40 克，可可粉 5 克，蛋黄 4 个。

② 蛋白糊：蛋清 4 个，细砂糖 30 克。

③ 黑巧克力 20 克（融化），核桃粒 30 克（烤熟）。

④ 杏桃果酱 100 克，草莓果酱 100 克。

⑤ 黑巧克力碎 100 克，鲜奶油 100 克，用于蛋糕淋面。

⑥ 新鲜草莓适量装饰用。

🏠 22（b）做法

① 黄油、牛奶、细砂糖一同放入牛奶锅中搅拌，煮至滚沸后，立即离火。用橡皮刮刀在锅边转动，使锅中的液体冷却至约 60℃。

② 将低筋面粉及可可粉加入黄油糊中不停搅拌，制成烫面团。

③ 面团搅拌至稍冷，拌入核桃粒及黑巧克力浆。加入已打散的蛋黄拌匀，即成蛋黄糊。

④ 用手提电动打蛋器，将蛋清打发至粗泡变细后，分次加入细砂糖，

将蛋白霜打发至浓稠，表面有纹路，继续打发至提起打蛋器，能有直立尖角的出现即可。

⑤ 将已打发的蛋白霜分 3 次加入蛋黄糊中，用橡皮刮刀以切、压的方式，将材料混合均匀。

⑥ 烤盘铺上烘焙纸，将模具（不用抹油）放在烘焙纸上，蛋糕糊倒入中空模具内。

⑦ 烤箱预热至 160℃，烤盘放入前烤箱降温至 150℃，烘烤约 40 分钟。

⑧ 蛋糕出炉后，在台面上敲几下使其松动，再将蛋糕反扣在烤架上冷却。

⑨ 蛋糕脱模后放在平盆中，切掉顶部不平整的部分，然后再将整块大蛋糕用横切的方法，一分为二。在剖面上用刮刀抹上草莓酱及杏桃果酱，然后合拢，放冰箱冷藏至硬。

⑩ 制作巧克力酱。将鲜奶油煮沸，待稍冷后，加入黑巧克力碎，混合至柔滑，即可使用。

⑪ 烤架底放一托盘，取出蛋糕放在烤架上，淋上巧克力酱。

⑫ 蛋糕上摆放新鲜草莓装饰。

经验之谈

　　这是一款奥地利很出名的蛋糕，很多游客到维也纳时都会想尝试一下；与咖啡搭配，味道更佳。现在我们根据这一款蛋糕的基本制作方法，增加了草莓酱作为涂抹酱，味道更加美味；如果再加入广东省中山市出产的荼薇酱，更可以多添加一种玫瑰的独特香味，口味独一无二。

◎ 草莓凯撒蛋糕切成块后中间夹有草莓酱，而在蛋糕表面，还可以摆放鲜草莓作为装饰

23 / 特色优品草莓经典欧洲海绵蛋糕
Youpin Genoise Butter Cake

23（a）材料

直径 16 厘米的圆形烤模。

奶油霜（butter cream）：蛋清 2 个，细砂糖 70 克，香草精 1/4 小匙，无盐黄油 15 克。

海绵蛋糕：全蛋 150 克，蛋清 15 克，细砂糖 70 克，香草精 1/4 小匙，低筋面粉 42.5 克，高筋面粉 42.5 克，盐 1/8 小匙，无盐黄油 35 克，草莓酱 120 克，糖霜适量。

23（b）做法

（Ⅰ）奶油霜制作方法

① 牛奶锅中烧开水，开小火保温，备用。

② 容器中放入蛋清、细砂糖，放在牛奶锅上（用锅中蒸气煮蛋清），用手动搅拌器不停搅拌。待蛋清温度达到 65℃，即离开牛奶锅，改用手提电动打蛋器打至蛋白蓬松、有光泽，静置冷却。

③ 分次加入室温软化的黄油，打发至蛋白与黄油完全融合。

④ 加入香草精继续打发至奶油霜变干即完成。

（Ⅱ）海绵蛋糕制作方法

① 在圆形烤模上抹油，撒上一层面粉，备用。

② 容器中放入全蛋、蛋清、细砂糖，用电动打蛋器打发至粗泡并呈白色，继续打发至体积变大表面可以划出 8 字。

③ 分次加入已过筛的所有面粉和盐，再用橡皮刮刀以切、压的方式将材料混合均匀。

④ 面糊中加入融化的黄油及香草精，轻轻混合均匀。

⑤ 烤箱预热至 180℃，将面糊拨入圆形烤模约 3/4 满，放进烤箱，烘烤 10 分钟后降温至 170℃，继续烘烤 20 分钟。

⑥ 烤架上铺一块烘焙布，取出蛋糕翻转放烘焙布上，冷却 24 小时。

⑦ 蛋糕横切成三片（切去表面烤过的粗糙面不要），备用。

⑧ 放一片蛋糕在转盘上，用刮刀将草莓酱涂抹于蛋糕切面上，再挤上一层奶油霜，将另外一片蛋糕覆盖上去。

⑨ 再在蛋糕片上涂抹一层草莓酱及奶油霜。

⑩ 再盖上剩下的一片蛋糕，最后在蛋糕表面，撒一些糖霜。

经验之谈

　　这一款蛋糕的独特之处在于使用了奶油霜（butter cream）。奶油霜的味道非常特别和好吃，它与卡仕达奶油馅（custard）有些相似，但感觉上更为轻滑爽口。它的制作方法比卡仕达奶油馅更难控制一些，因为在打发时，奶油霜对于温度的变化和要求非常之高。

◎ 特色优品草莓经典欧洲海绵蛋糕的外形。注意蛋糕中间夹有草莓酱和奶油霜。奶油霜的味道比卡仕达奶油馅更为细滑。两者之间在口感上的区别值得注意

24 / 特色优品草莓雪糕（或冰激凌）
Youpin Strawberry Ice Cream

24（a）材料

制作材料：新鲜草莓 200 克，炼乳 200 克，鲜奶油（cream）200 克（使用前放冰箱）。

24（b）做法

① 将新鲜草莓压碎，滤去部分草莓汁（可饮用或做它用）。加入炼乳拌匀，备用。

② 鲜奶油用手提电动打蛋器，高速打发至硬性发泡（即当搅拌棒提起时奶油不会掉下来），便可停止搅拌。

③ 鲜奶油分次加入草莓混合物并轻轻拌匀，制成雪糕糊。

④ 将雪糕糊注入模子或杯中或盒中，冷冻一晚之后便可食用。

⑤ 配上脆皮蛋筒或脆皮碗一起食用，更能突出雪糕的滋味。

24（c）脆皮蛋筒和脆皮碗材料和制作方法

材料：中筋面粉 100 克，香草精 1/4 小匙，黄糖 65 克，细砂糖 65 克，鸡蛋 2 个，融化的无盐黄油 60 克。

制作方法：所有材料混合均匀成糊状，掏一勺加入蛋筒机中。根据机器的指示操作即可完成。

经验之谈

雪糕（或冰激凌）是从西方传入中国的一种甜品，在西方很受欢迎，在中国也是。根据不同的材料组合和制作方法，雪糕产品种类繁多［如软雪糕，意式低脂雪糕（gelato），雪葩（sorbet）等］。对质量要求非常高的制作商，往往需要用较大型的机器并按照严谨的操作程序，来完成制作。但在这里，我们介绍的是一种较为普通简单的方法。

吃雪糕的方法也有许多，较为普遍的是把雪糕盛在纸杯、蛋卷、威化卷或法国牛角包（croissant）等盛器内来食用，有些还在雪糕上搭配一些不同口味的糖浆（如草莓味糖浆、巧克力味糖浆等），使其味道更好，更有吸引力。较为讲究一点的吃法，是再加上新鲜水果、坚果、奶油等一起食用。而现今较流行的吃法是，把雪糕和香蕉等水果，放在一个用蛋浆制成的脆碗内形成所谓的"香蕉船"，是一种很受欢迎的甜品。

在西方国家雪糕和苹果派（apple pie）一起食用，很受欢迎。但在中国似乎苹果派并不太受欢迎（可能由于其一般都太甜），所以这种吃法并不普遍。我认为这是很可惜的，因为现今中国出产的苹果非常多，开发多样化的苹果产品并建立一些相应的品牌，是值得中国食品加工企业去努力的方向。🍓

◎ 特色优品草莓雪糕，
可搭配草莓酱和新鲜草莓
一起食用，味道更甜美

◎ 制作脆皮碗的蛋筒机

◎ 可把雪糕盛在脆皮碗
内食用

25 / 特色优品草莓木糠布丁
Youpin Strawberry Serradura Pudding

🍶 25（a）材料

草莓果酱适量，装饰用新鲜草莓数粒，压碎玛丽饼干或麦维他饼干 10 片，鲜奶油 100 克，炼乳 20 克。

🍳 25（b）做法

① 鲜奶油用手提电动打蛋器，中速打至微发，加入炼乳持续打至硬性发泡（即提起搅拌棒时奶油不会掉下来），便可停止搅拌。

② 在杯中底层，放一层饼干碎（做法：把饼干放在一个塑料袋内，用木棍将饼干研碎，无需太细），将其压紧；再在碎饼干上铺一层草莓酱；顶层挤上鲜奶油，然后用新鲜草莓装饰。

> **经验之谈**
>
> 可重复步骤②，制成多层的木糠布丁杯。木糠布丁（又叫木糠布甸），据说发源于葡萄牙，在港澳地区很受欢迎。冷冻后食用，有一种冰凉、细腻和顺滑的感觉，搭配上蓬松的碎饼干，口感很特别也很好吃。其做法也很容易，我们认为其是很值得在中国大力推广的一款甜品，特别是在草莓盛产的地方和季节。🍓

◎特色优品草莓木糠布丁，一般都会被盛在透明的杯内，呈现各种结构层次

26 / 特色优品草莓焗西米布丁
Youpin Tapioca/Sago Pudding

26（a）材料

共制作 5 杯草莓焗西米布丁。

西米 100 克，蛋黄 2 个，椰浆 120 克，鱼胶粉 8 克，生粉 2 小匙，淡奶油 120 克，细砂糖 1/3/ 杯，无盐黄油 25 克，紫薯馅适量，草莓干适量，装饰用新鲜草莓适量。

26（b）做法

① 将西米放进冷水中稍作冲洗，沥干水分。

② 将西米放进一大锅滚水中煮至透明，约需 15 分钟。取出冲冷水并沥干水，备用。

③ 将蛋黄、鱼胶粉拌匀，加入椰浆及生粉混合均匀，过筛至无颗粒。

④ 牛奶锅中加入淡奶油、细砂糖及无盐黄油，用小火煮到糖溶，熄火。

⑤ 将蛋黄糊慢慢加入牛奶锅中，锅中液体呈浓稠状，再加入西米拌匀。

⑥ 烤杯底部放入西米混合物，中间放一大匙紫薯馅及一小匙草莓干，再加入西米混合物覆盖紫薯馅；上面刷一层蛋液。

⑦ 将烤杯放入烤盘中，注入热水到烤盘 2/3 满。

⑧ 烤箱预热至 200℃，烘烤 10 分钟后，再加温至 220℃，烘烤至布丁呈金黄色、表面稍有焦块时取出。

⑨ 取出并在烤杯上面装饰新鲜草莓，别有风味。

◎ 特色优品草莓焗西米布丁，经烘烤后，表面的蛋液会呈微焦状，需趁热吃

◎ 搭配新鲜草莓食用

经验之谈

焗西米布丁是一款在酒楼经常供应的甜品，非常好吃且受欢迎。传统做法中，馅料会使用红豆沙或莲蓉。但我们把馅料替换为紫薯馅及草莓干（浸橙酒软化），口感也很好，但需趁热吃。🍓

27 / 特色优品草莓椰汁糕
Youpin Strawberry Coconut Pudding

27 (a) 材料

椰浆 165 克，牛奶 165 克，清水 100 克，细砂糖 60 克，鱼胶粉 11 克，新鲜草莓适量。

27 (b) 做法

① 牛奶、椰浆、清水煮至沸腾即离火。

② 细砂糖与鱼胶粉拌匀后与牛奶混合物搅拌至完全溶解，再煮至沸腾即离火。

③ 待稍冷后拌入一些新鲜草莓粒，分装到杯子或模具中，放入 4℃ 冰箱凝固。

④ 取出已凝固的椰汁糕，再装饰上新鲜草莓，即可食用。

> **经验之谈**
>
> 椰汁糕是在我国南方很受欢迎的一款甜品，有一种特别的口感和味道。这一味道的呈现，主要依靠鱼胶粉的浓度：如果鱼胶粉太多，就会变成硬胶状（啫喱，Jelly）的味道，失去了软绵感；如果鱼胶粉不足，就无法凝结；这是大家要特别注意的地方。另外，还必须注意，椰汁糕要保持冷藏，高温会使它融化。

◎ 特色优品草莓椰汁糕被放置在模具内定型

◎ 经 4℃冷藏和脱模后，椰汁糕一定要凉吃才好，在高温下会立即融化

28 / 特色优品草莓八宝饭
Youpin Strawberry Glutinous Rice Cake

　　八宝饭是江浙地区家喻户晓的甜品，更是过年期间家家户户餐桌上必不可少的美食。八宝饭顾名思义至少由八种材料做成，有白糯米、血糯米、蜜枣、红枣、核桃肉、葡萄干、冬瓜糖、瓜子仁等，可以根据自己的喜好来配制。内馅可搭配豆沙馅、莲蓉馅等。外形可做成碗状供食用。

　　以下介绍一款改良版八宝饭。使用紫薯作为内陷，并用草莓干（浸橙酒软化）作为装饰；形成一种中西合璧的新产品。

28（a）材料

　　糯米 2 杯，细砂糖 2 汤匙，猪油 1 汤匙，紫薯馅适量，草莓干适量，糖浆适量。

28（b）做法

① 糯米洗净，浸冷水 3 小时，沥干水备用。

② 蒸笼内铺上一层纱布，将糯米平铺在纱布上。用中大火蒸 45 分钟，中途需淋水 2 次，防止上面的糯米太干。

③ 取出蒸熟的糯米饭，趁热拌入 2 汤匙细砂糖及 1 汤匙猪油，备用。

④ 碗底铺上一层保鲜膜（尽量压平整），保鲜膜上用草莓干铺砌

图案。

⑤ 取一团糯米饭压扁平，轻轻放在图案上（不要来回移动），在糯米上再铺 2 汤匙紫薯馅（滚圆压扁后放入）及一些草莓干。

⑥ 最后再铺盖一层糯米饭，用勺子压紧使表面平整。

⑦ 将保鲜膜收起，包裹紧（注意：用保鲜膜包裹，更适宜冷藏或冷冻）。

⑧ 食用时，放入锅中用大火隔水蒸 30 分钟。出锅后，撕去保鲜膜，在盘子上倒扣过来，然后淋上糖浆（糖浆的做法：将砂糖与水各 100 克，一同煮到滚沸变黏稠即可）。

◎ 特色优品草莓八宝饭的一般外形。注意要趁热吃，并在表面淋上一层薄糖汁，口感更佳

经验之谈

八宝饭必须趁热吃。但在 0℃下可长期贮存。这是一款中国的特色甜品，值得推广。将八宝饭切成厚块油煎一下，外脆里软，味道也非常好。

29 / 特色优品草莓慕斯杯
Youpin Strawberry Mousse Cup

29（a）材料

冷藏鲜奶油 100 克，新鲜草莓 140 克，细砂糖 40 克，鱼胶粉 5 克（用 30 克水浸），柠檬汁 10 克，酸奶 1 杯，水果谷物麦片（fruit cereal）适量，装饰用新鲜草莓数粒。

29（b）做法

① 草莓洗净去蒂放入搅拌机，加入细砂糖，打成果酱泥，最好再过筛一下使果酱泥更细腻。

② 鱼胶粉浸入温水中，隔水蒸使其溶解，趁热倒入草莓酱中拌匀，再加入柠檬汁混合均匀。

③ 将装草莓混合物的盆放在冰盆上搅拌，搅拌成黏稠状（拉起成丝状即可）。

④ 鲜奶油放入深盆中，将盆放在盛有冰块的盆上。用手提电动打蛋器高速将鲜奶油搅打至约八分发，即提起打蛋器鲜奶油不会往下掉即可。

⑤ 用橡皮刮刀轻轻将鲜奶油分两次与草莓混合物混合至顺滑，制成草莓慕斯液。

⑥ 将两汤匙草莓慕斯液拨入杯中底层，放入冰箱冷藏 1 小时。

⑦ 取出慕斯杯，淋上 2 汤匙草莓酸奶。最后撒上适量水果谷物麦片及少许新鲜草莓。

◎ 特色优品草莓慕斯杯。可加入新鲜的草莓及各种干果、果仁、玉米片、营养谷物等，味道特别好

经验之谈

　　慕斯口感软绵和湿滑，用途很多，常用来做蛋糕调和蛋糕的干硬度。但慕斯本身在制作时，需用鱼胶粉来控制软硬度，因此对鱼胶粉的使用量要小心控制，防止成品过硬或过软，影响口感。在慕斯杯中可以加入多种素材，深受消费者喜爱。🍓

30 / 特色优品草莓多层花塔杯
Youpin Strawberry Trifle

  多层花塔杯（trifle）是一种在英国很流行的蛋糕甜点。一般装在一个高大的玻璃杯内，由不同层次的甜品如海绵蛋糕（一般放置在杯的最底层）、水果（fruits）、果冻（jelly）、卡仕达奶油馅（custard）和奶油（cream）等组合而成。现今，大多数人并没有按照传统的规定来叠加层次，而是随心所欲地来配搭和重复各式各样的层次组合，务求做到好看好吃。在食材方面，其组合也越来越多元化，并且还引入了一些新食材，如酸奶（yogurt）、奶盖（soft cheese）、红糯米（red glutinous rice）、水果谷物营养麦片（fruit cereal）、干果（dry fruits）、西米布丁（sago pudding）、慕斯（mousse）等，来叠加层次和做出变化。

  英式的多层次花塔杯，一般都会用较大的杯子来做，做好后让大家分享。但现今蛋糕店则喜欢用小杯子来制作和销售。在中国这种形式的西式糕点，还不是很流行。但我们相信，这种形式的西式糕点将会很快在中国流行起来，因为它多样化的组合，几乎可以满足所有人的要求。当然，这种多层花塔杯，即使加入了蛋糕，也必须冷吃，否则其中的有些食材组合将会融化，影响美观和口感。各种甜品的制作方法，在本书的不同章节内都可以找到，这里就不再赘述了。

◎ 特色优品草莓多层花塔杯，不同配料随意叠加、组合，只要好吃美味就行

31 / 特色优品草莓牛轧糖
Youpin Strawberry Nougat Sweets

🔯 31（a）材料

无盐黄油 60 克，棉花糖 150 克，奶粉 120 克，炼乳 10 克，杏仁粒 100 克，草莓干粒（加橙酒浸软再炒至稍干）60 克，糖霜适量。

👨‍🍳 31（b）做法

① Kenwood 厨师机温度调至 140℃，煮食速度调至 1 挡，预热 3 分钟。

② 锅中加入无盐黄油煮至沸腾，慢慢加入棉花糖搅拌加热至融化。

③ 将速度调至 3 挡，即刻加入奶粉、炼乳，搅拌至所有材料混合，关机。

④ 加入杏仁粒、草莓干，用橡皮刮刀翻拌几下。迅速取出放在已撒糖霜的烘焙纸上，用擀面杖擀平压成长条形（擀得越平切出来的成品越好看），趁热用锯齿面包刀切成长方形块。

⑤ 最后再撒上少许糖霜防粘并进行包装。

◎ 特色优品
草莓牛轧糖
外形

◎ 牛轧糖表面可粘上不同的粉状
食材，如绿茶粉、可可粉等，使
牛轧糖的味道更加多变

◎ 对牛轧糖要进行分装，不然会
粘在一起结块

经验之谈

　　事先必须准备好所有材料，全程动作要快。温度不能高，当棉花糖融化后，需立即熄火。如果使用煤气或电炉加热，必须使用不粘锅，并全程用小火。要注意牛轧糖的硬度和甜度，以保证获得最佳口感。🍓

32 / 特色优品草莓巧克力
Youpin Strawberry Chocolate

32（a）材料

准备心形模具及草莓模具。

内馅：鲜奶油（cream）60 克，白巧克力 80 克，草莓干粒（需浸橙酒软化）60 克。

外壳：黑巧克力 160 克。

32（b）做法

（Ⅰ）内馅

鲜奶油放入牛奶锅中，煮到锅边起泡即离火。3 分钟后加入切碎的白巧克力，搅拌至顺滑加入草莓干粒。待鲜奶油内馅冷至浓稠时，可放入冰箱 15 分钟使其变得稍微硬一些，备用。

（Ⅱ）外壳

① 黑巧克力调温（经调温，巧克力才会容易凝固脱模，而巧克力表面才会带有光泽，并在室温下不容易融化）。将黑巧克力切碎放入深盆中，隔着热水（水温 60 ~ 70℃）用橡皮刮刀不停搅拌，使黑巧克力融化并变得柔滑。当黑巧克力温度达到 50 ~ 55℃时需立即离水。

② 离水后不停搅拌至黑巧克力降温至 28 ～ 29℃（不可降温太低）。

③ 将已降温的黑巧克力，放到微滚的热水上加热几秒钟即可（必须小心，否则温度很快上升）。温度达到 30 ～ 31℃时完成调温，黑巧克力已可使用。

④ 判断黑巧克力调温是否正确，可将一把水果刀浸少许巧克力，3 分钟后若刀面的巧克力光亮而没有斑纹，即表示成功。

⑤ 将已调温的黑巧克力连盆放在微热的水盆上（水温保持 35℃）。取适量黑巧克力，用笔扫在心形或其他形状的模具上，分别扫薄薄一层，待第一层干后再扫第二层（可放冰箱数分钟使其快速变干）。

⑥ 待第二层干后（不粘手），将变得浓稠的奶油馅放入裱花袋中，挤入黑巧克力壳中至七八成满，并在台面上轻敲。放入冰箱 5 ～ 10 分钟使内馅稍干。

⑦ 取出已填馅料的巧克力模具，将黑巧克力放入裱花袋中，挤入巧克力至满。

⑧ 用平刮刀将模具表面抹平并修饰，放入冰箱冷藏至可脱模。

⑨ 放烘焙纸上脱模，再进行最后的包装入盒。

◎ 特色优品草莓巧克力，可以被制作成各种形状，内馅也可多变

◎ 巧克力在西方是一种高贵的糖果，在情人节等节日，更是重要的礼物

◎ 由于巧克力是高贵的糖果和礼物，因此都会被装在精美和考究的包装盒内

经验之谈

　　制作巧克力是一项较难操作的技术，需要很多经验。但做得好，会很有成就感。我们介绍的这一款草莓巧克力，由我们自创，与一般的松露巧克力（truffle）内馅相比，味道更丰富。当然大家也可以用草莓酱来做内馅，效果也会很好。但请大家要注意，制作时一定要选择适合和优质的巧克力。🍓

33 / 特色优品草莓饮料
Non-Alcoholic Strawberry Drinks

饮料的种类繁多，而且制作方法也是五花八门。简单来说，我们可以把它们分成为两大类，即无酒精类饮料和含酒精类饮料。现在先让我们来介绍一下无酒精类饮料。

无酒精类饮料种类很多，茶和咖啡是现今人们饮得最多和最喜爱的两大类无酒精类饮料。由于茶和水果在多方面比较容易混搭和融合，因此在这里我只介绍一下茶的无酒精类饮料，而特别要介绍的是，将草莓搭配进茶饮料的一些制作方法；由于咖啡与草莓搭配，并不容易制造出味道好的饮料，因此这里就不做介绍了。

33（a）纯新鲜草莓果汁

草莓作为一种富含果汁的水果，最佳的饮用方法就是把草莓鲜榨成果汁来喝，这也是最容易的一种制作方法。鲜榨的草莓果汁，基本上可以保留草莓的原味和所含的营养物质。如果放在4℃温度下过夜，味道和营养元素含量会快速下降甚至变质。有些销售商用高温予以消毒，在4℃温度下也只能存放几天，所以购买时必须看清楚饮料的保质期，绝对不要购买饮用过期的产品。我个人建议，就草莓来说，最好是饮用鲜榨的果汁，而更理想的是使用高速搅拌机将洗涤干净的新鲜草莓搅碎打细（如要调节甜味或黏稠度，可适量加些冰块或蜂蜜和果肉一起搅打；现今一些果汁店都有微电脑果糖定量机，可以调节果糖的加入量），然后连渣一起饮用。当然也可混搭一些其他水果，一起搅碎打细后饮用。至于怎样与不同的水果搭配，可根据个人的喜好来决定。较讲究一点的萃取汁液的方法，是利用冷萃技术和设备，降低打果汁的温度，以保存水果的原味和所含的营养物质。但我们认为使用高速搅拌机，加冰块速打，效果已足够好，无须花太多的钱在购买使用昂贵的设备上。

33（b）草莓水果茶

相信水果茶首先是在中国台湾流行起来，然后再扩散至东南亚和中国各地。茶饮文化在台湾有一段悠久的历史，其产品和饮法都具独特性，与泡沫红茶、珍珠奶茶等比较，水果茶也非常有名。这里我们只想着重介绍一下水果茶的一般制作方法，特别是草莓水果茶的制作方法。

① 将泡好的茶水，冰冻后（或加冰块）与草莓水果肉及果汁混合（可用搅拌机来打）。茶的选择可根据个人的喜好而定，如乌龙茶、铁观音、普洱、花茶、祁门红茶、荞麦茶等都可以使用（一般饭店都宣称他们有独特的用茶比例和配方，你们也可试配一下）。

② 然后加入少许草莓调味糖浆。［浓缩草莓调味糖浆的制作方法如下：将高果糖浆、新鲜草莓果肉、水、细砂糖、柠檬汁少许、食用色素（可不加）混合。成品在4℃下贮存备用］

③ 调好的水果茶一般放在透明的塑料杯内，然后再在杯内放置几粒相关的新鲜水果，作为装饰。

经验之谈

　　现今比较流行的做法有：一是在饮料上配上芝士奶盖，由于芝士味道浓郁、特别，这种组合很受消费者的欢迎。二是有些店商在水果茶中还加入一些黑糖浆，以增加水果茶的特别甜味和观感，现今这种做法也很普遍。三是有些店商在水果茶内还会加入珍珠奶茶的珍珠。四是有些店商通过加入不同的水果汁，制成不同层次、颜色、口味的水果茶。

（Ⅰ）芝士奶盖的材料和制作方法

　　材料：芝士奶酪 20 克，牛奶 30 克，淡奶油 100 克，糖 10 克，盐 1 克。

　　做法：① 将芝士奶酪（切小块并提前放室温下解冻）和牛奶一同搅打成无颗粒奶酪糊（如用冰沙机打 15 秒即可，如用手动搅拌器需隔水加热软化，搅拌至软滑即可）。

　　② 将淡奶油、糖、盐混合，用手提电动打蛋器慢速搅打至绵密浓稠，约需 10 分钟。然后加入奶酪糊再搅打至呈绵细状即可（不用太浓稠）。

　　③ 将芝士奶盖放置在茶水上，然后配上各种装饰，如撒上可可粉、抹茶粉、饼干碎等。

（Ⅱ）黑糖浆的材料和制作方法

　　材料：黑糖 100 克，水 50 克。

　　做法：用凉的锅，放入黑糖粒，小火煮至糖微微融化，加水再小火加热，并不停搅拌至浓稠（用筷子蘸一下拉丝即可）。

经验之谈

为了吸引消费者，各色各样的水果茶搭配层出不穷，大家也可以用自己的创新思维，尝试制作一下，相信一定会乐在其中。🍓

（III）珍珠的材料和制作方法

材料：木薯粉 50 克，黑糖或白糖 25 克，清水 30 克。

做法：① 锅中加入 30 克水，加入黑糖或白糖溶解，小火煮至沸腾，熄火。立即将黑糖或白糖水倒入木薯粉中用汤匙搅拌。

② 等稍凉后，用手将粉团揉搓得光滑均匀，再擀成四方形，用胶袋盖上冷却。

③ 使用时取出粉团分割成长条，切成小粒并搓圆或直接擀成大薄片，用大吸管压出一颗颗圆粒即可。

④ 煮一锅沸水放入珍珠，煮 5 分钟后熄火，盖上盖子焖约 20 分钟。

⑤ 剩下的珍珠可冷冻。

◎珍珠奶茶中常用的木薯粉珍珠粒。如用白糖制作，便呈白色；如用黑糖制作，便呈黑色

◎ 草莓水果茶。杯子内的上层为草莓汁＋新鲜草莓＋冰块，再加适量的糖或蜂蜜。下层为红茶（或任何适合的茶水都可）

◎ 草莓芝士奶盖饮料。芝士奶盖一般都会浮在最上层。可随意搭配草莓或其他水果汁或茶水等

33（c）草莓米浆

米浆作为一种饮料（可热饮或冷饮，口感都很好）在部分省市的酒店和餐厅内都有供应。

材料：粘米（大米）2/3 杯，花生 1/3 杯，水 1 000 克。

做法：① 粘米洗净浸泡过夜，然后取出沥干水。

② 花生用小火干炒至略发黄，待冷后去皮。

③ 粘米、花生加一杯水，用搅拌机打至极细，过筛。

④ 放入锅中边煮边搅拌至沸腾即可。如将草莓酱与米浆混合，立刻可以制成美味可口的草莓米浆了。如果要增加甜度，可加入适量糖或蜂蜜。

◎ 制作草莓米浆时用的粘米和花生

◎ 粘米和花生需经搅拌机打细，然后再加热煮熟

33（d）草莓冰沙

冰沙饮品一般可被分为两大类，即冰沙和奶昔。

（I）冰沙（smoothies）

如要将冰沙再加以细分，就非常复杂，这里就不作细分了。一般来说，普通商店售卖和供应的冰沙产品，就是把一些新鲜水果混搭，加入糖浆、冰块后，在高速搅拌机内，予以打细。相对来说，其成品比鲜榨的水果汁要更为浓稠；为了增加产品的黏稠度，最有效的方法就是加入一些香蕉，但黏稠度的控制要依靠一定的操作经验。

（II）奶昔（milk shake）

顾名思义就是把鲜奶加水果、雪糕（又名冰激凌），用一种专门的搅拌机搅拌而成的混合物。在西方传统的制作方法中，还会加入少许麦精（malt extract），以增加其黏稠感和香气。但由于麦精不容易购买得到，故此根据我们的经验，采用较易购买的好立克（Horlick）速溶饮料粉来替代。

奶昔中最重要的食材，就是雪糕。因此，正宗的西式奶昔，都必须含有雪糕；但其用量的多少则可以有所变化。奶昔的厚薄或黏稠度，会由雪糕的含量而定（有些店商会加入一些增稠剂 thickener）。据我们了解，从前麦当劳曾经售卖过一种"厚奶昔"产品（同时加入不同味道的果糖和巧克力等作为调味剂），但可惜厚奶昔似乎并不适合中国人的口味，现今市面上已很少见到这种产品了。

针对这一个问题，我们经过长时间的研究，发现利用中国盛产的白木耳，将之煮软，然后加入新鲜草莓、冰块、冰糖和少许冰水，用高速搅拌机搅打一分多钟，就可以制作出非常美味可口、适合中国人口味的无奶奶昔（或冰沙）。为了避免与用牛奶来制作的奶昔混淆，我们命名这种产品为"中式奶昔"或"无奶冰沙（non-dairy smoothie）"，以示区分。

◎ 草莓冰沙，经高速搅拌机打细后，便可饮用

34 / 特色优品草莓鸡尾酒
Strawberry Cocktail

在中国鸡尾酒作为一种饮料，还是很新鲜的事物。鸡尾酒可以说是一种西式的饮食文化，在中国只有少数人懂得欣赏和接受。但近些年，逐渐被一些年轻白领所接受，在一些大城市，年轻白领族群出没较多的地方，已开始出现很多西式酒吧甚至酒吧街，专门供应不同形式、组合的鸡尾酒——有传统的、经典的和独创的等多个品种。

鸡尾酒的制作很简单，一般将酒（大多用洋酒，如白兰地、君度、金酒、百利甜酒、龙舌兰酒、伏特加酒、白朗姆酒、香槟等）加入糖浆、水果、冰块摇（或打）匀，过滤（如有需要）。但制作鸡尾酒的调酒师，是一种专门的职业，因此并不是一般人可以操作的。

与鸡尾酒有些相同的饮料宾治（punch），则有时会在一些派对场合供应。其基本的调制方法，与鸡尾酒差不多。但一般来说，酒的使用量会少一些，水果、水、冰块的使用量多一些；而且都会盛装在一个大的玻璃容器内，分小杯来饮用。用草莓作为主角的水果宾治，大家也可依照自己的喜好试配一下，在举行生日派对时配制引用，相信会乐趣无穷。

◎ 一个大的盛装宾治的容器

◎ 宾治需分装在小杯内饮用

后 记

在写作此书的过程中，有一个小问题需要我们回答，那就是有没有必要把各种草莓奶油蛋糕（strawberry cream cake）的制作方法，在本书中予以介绍。因为草莓奶油蛋糕是现今市面上非常流行的一款蛋糕。我们最后决定不做介绍，原因是草莓奶油蛋糕的品牌效应已经较好，我们无需再锦上添花为这一款蛋糕进行宣传。可以这样说，现今所有的蛋糕店、酒店都有各种品种、花样和款色的草莓奶油蛋糕供应；而且草莓奶油蛋糕的主要吸引力在于它可以制作非常美丽的装饰，而这是一项高难度的技术活，需要职业蛋糕师来做，效果最佳，一般人不易掌握，所以在这里就不做介绍了。

我们在本书中提供的各款草莓甜品和饮料的制作方法，主要针对的是一些希望创业的小微商户和线上线下的店商，我们觉得在他们的努力下，可以有机会设计出好的品牌建立和营销计划，如能这样做和发展，应该很快就可以在中国，把我们书中所介绍的草莓加工产品，纳入品牌的行列。而现今这些加工产品的品牌地位，还没有真正地建立起来；特别是还没有充分利用草莓作为抓手，来予以发挥和开发更多更好的加工产品及品牌。我们殷切地希望通过本书的介绍，能给广大的草莓种植者和经营者多一些启发，这样中国将不仅是一个种植草莓最多的国家，并且还可以成为在这方面建立品牌最多的国家。这样我们写这本书的目的就最终达到了。

在编写过程中，我们得到许多人的帮助、教导和指点，我们非常感谢。但由于我们的知识面、创新思维、能力和制作经验有限，错漏在所难免，敬请读者们指正。

在这里，我们要特别感谢 UIC 以及中优农品牌研究院给予的支持，使这本书能够顺利出版。

徐是雄　黄静娴

2019 年 4 月